AF452893

Les figures en taille douce placées à la suite du traité d'Indagine n'ont aucun rapport avec le texte qui les précède. Elles semblent plutôt avoir été inspirées par la Physiognomonie de Porta, et ont été probablement mises ici au commencement du XVIII.ᵉ siècle, lors de la reliure collective des trois ouvrages qui forment ce volume.

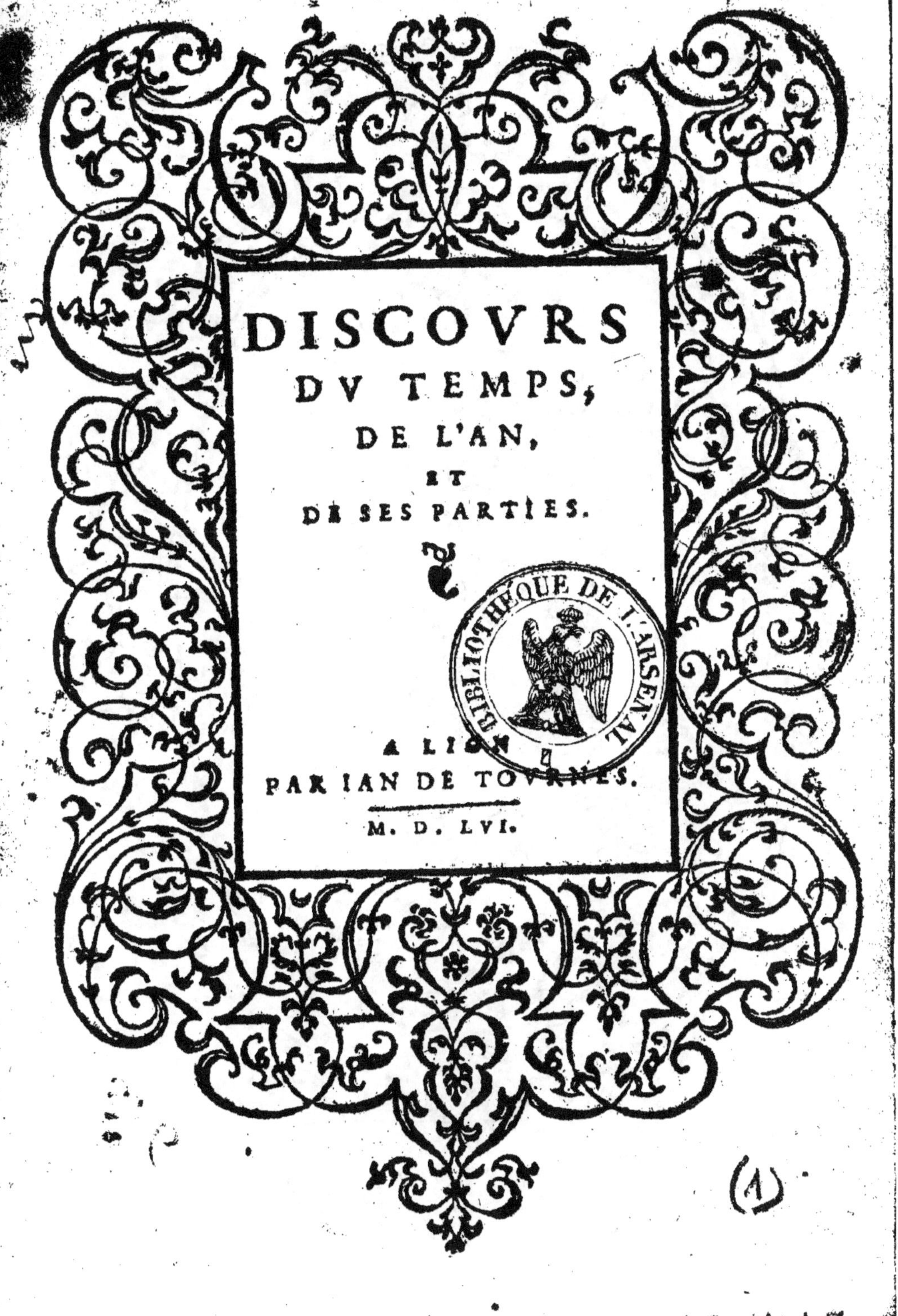

DISCOVRS
DV TEMPS,
DE L'AN,
ET
DE SES PARTIES.

A LION
PAR IAN DE TOVRNES.

M. D. LVI.

MIHI PROVINCIA EST
SOLITVDO
P · D · T ·
EN SON AN
31

A non moins docte, que gen-
TILE, ET VERTVEVSE
Damoiſelle, D. Marguerite
du Bourg, Dame
de Gage.

I j'ay à remercier le ſart de connoiſſance memorable à laquelle il m'ayt apellé, je lui reconnoy entre toutes ſingulieres redeuances celle, qui m'eſt auenue de vous: & ce d'autant plus cherement, que le terme court de deus heures me permit deuorer aſſez de votre merite, pour ores (deus ans apres) en gouter une agreable ſatisfaccion, je dy agreable, ſi la ſouuenance de moy ne vous eſt importune. Mais tant peut, Madamoiſelle, tant peut commander la vertu, que ſouuent l'indine,

A 2   *tout*

tout autre reſpet de bienſeance oublié, s'en
honore du nom, s'il ne peut mieus : comme
meintenant affectant (direz vous poſſible)
la reputacion de quelque votre Grace, je
pouſſe ce Diſcours en voz mains, pour (lui
defaillant plus ſures ailes de moy) voler ailé
de votre nom : auec aſſurance que ſi cette
mienne façon ne vous ennuye, j'auray
plus à l'une des plus gentiles, doctes
& vertueuſes, qui ayent encores embelli & honoré
l'honneur de notre
France.

A L'HONNEVR DE

nôble Pontus de Tyard
Philibert Buguion
Maconnois.

❋

SONNET.

DESIA *Phebus Apollon te fait offre*
   D'une moitié des dons, qu'on lui presente:
   Deſſus ſa lyre harmonieuſe il chante
   Les paſſions, que ton dolent cœur ſouffre.
Cœur palladin brulé d'Aetneen ſoulfre,
   Des chams Pindare Eliſees s'abſente,
   Pour voir ça bás la caterue plaiſante
   Des languiſſans en plein d'amoureus gouffre.
Si Apollon te priſe & porte honneur,
   Diuin Pontus des louenges ſonneur
   De ta diſerte, & docte, & belle Dame:
Ne dóy ie pas t'eſtimer à iamais,
   Ne dóy ie pas t'adorer deſormais,
   T'holocauſtant le plus ſaint de mon ame.

A 3

AVTRE DV MESME AVTEVR.

Dv Tems, de l'An, & toutes ses parties,
  Ton discours est doctement composé:
  Et ne s'est lors ton esprit reposé,
  Que sont les Sœurs pour toy du ciel parties.
Ie ne croy point que les raisons baties
  Soient d'un humein, que tu y as posé:
  Ie croy plustot que metamorphosé
  Iuppin en toy les y ayt assorties.
O Dieu, qui fais tout cela que tu veus,
  Ie te dedie & consacre mes vœus
  Sus l'ample autel d'eternelle memoire.
A toy, Pontus, qui d'entre nos Dieux-hommes
  Le premier es, donnons tant que nous sommes,
  De bien escrire en prose, & vers la gloire.

VOVLOIR ET ESPERER.

A l'Auteur,
Et Lecteur,
Charles Fontaine.

Bien guider veult d'une Escorte assuree
Par lieus scabreus sous la chape azuree
Celui, qui scet non estendre le cours,
Ains minuter la longueur mesuree
Du Tems, qui peult la vie bienheuree
Par ans, par mois, par semaines, & iours
Assurer ore, & conduire à tousiours
Au ferme point, ou heureus tu pretens,
Comme tu vois que ce gentil discours
Te fera viure apres cent ans sans tems.

DISCOVRS
DV TEMS, DE L'AN,
ET DE SES PAR-
TIES.

*

EL. V I *qui dit premier, la vie de l'hõme estre per-tinemment com-parable, à la fable representee, par une Tragedie, ou* Comedie, *me semble auoir depeint de toutes* Vie de l'homme acomparee aus ieus de Comedies & Tragedies. *couleurs, & auec singuliere industrie, l'estat de notre viure, tant inconstant & incertein, que fable (tant soit elle fabuleuse) ne me semble moins auoir de verité ou vray semblance, qu'il s'en rencontre en nous : soit que nous la cherchions en autrui, ou qu'en*

a   nousm

nouſmeſmes eſſayons de l'aſſurer. Les âges
de certeins en certeins ans (mais d'un en
autre jour, ou d'heure en heure) nous tranſ-
forment la perſonne, la ſanté, les meurs, &
les affeccions : & ne ſe voit joueur de Tragedie, qui en plus diuers habits ſe deſguiſe,
ores en Dieu, ores en Roy, ores en Filozo-
fe, ores en perſonne vulgaire, taſchant de
ſe contrefaire ainſi qu'il penſe plus fauora-
blement fléchir les populaires yeus (bien
qu'il ne ſente aucune eſſencielle conſtance de
laquelle il ſceut ſe ſurnommer, ſinon qu'il
eſt induſtrieus repreſenteur de ce dont il n'a
rien) que nous, transformez de moment en
moment, ou par vraye mutacion de noz opinions, ou, ſouuent, par feinte & diſſimula-
cion. Vrayment Varron, meſlé en toutes
diſciplines, onq ne rencontra mieus, qu'alors
qu'il diuiſa l'âge humein en cinq pieces ra-
portables aus cinq Actes gardez par les Comiques & Tragiques Poëtes anciens. Car

le

le cours de noz ans, ores en heur, ores en
malheur, ores en joye, ores en dueil, ores
dunɇ humeur, ores dunɇ autre (comme les
perſonnes Comiques font diuerſes ſorties) Variable inſtinɕ des humeins.
nous laiſſe ſi peu en un eſtre durable, que ce
qui auiourdhui nous ſemble vray ou bon,
demain nous ſera en reputacion de menſon-
ger & meſchant: & piz, que ce quɇn nous
penſons eſtrɇ eſtimable, ſemblɇ aus plus im-
portans voiſins & compagnons, tant peu
dinɇ de bonne vuɇ, que derrier nous ilz en
rident le front, & froncent le ſourcil. Donq
ne ſaurions nous arreſter cette vie ſur le
plinthe de quelque ſolidɇ & cubique ſeurté?
Il ſaudroit (cróy je) retrēcher leſle du Tems,
duquel l'inuiſible, mais l'inſenſible fuitɇ, en-
treine continuellement toute notrɇ aſſurance: Comme diſertément ces jours paſſez ſa-
uoit bien diſcourir MAVRICE SCEVE:
Qui auec quelques jeunes hommes de gen-
tilɇ & louable naiſſance, mɇſtoit venu voir.

a 2   jauois

j'auois eſſayé de les receuoir auec la plus
joyeuſe chere que je pouuois former: laquelle je n'acompagnois, toutefois, de face ſi riante, qu'à mon obget la melancolie, la ſolitude,
& telles tenebres, ne vinſſent en propos:
pourſuiuant lequel, la mutacion des fortunes, & puis la diuerſité des ſiecles donnerent ocaſion de parole ſi ample, que deſia
nous en eſtions entretenuz long eſpace: quãd
la diſpoſicion de l'air, nous conuia d'aller
prendre l'esbat, en un mien jardin, de ſi com
mode plant, que le non trop affecté agence-
ment, mais auſſi la non trop negligente cul-
ture, pouuoit aſſez nous donner de plaiſir.
Sortiz donq de la maiſon, le deuis cõmencé
ne ſe relaſchoit point, mais eſtẽdu d'un en au
tre diſcours, et en fin reduit ſur les termes du
Tems & de ſes parties. Les Anciens (dit
MAVRICE SCEVE) aſſez vainement
ſe ſont opiniatrez, qui ſoutenant cette, qui
l'autre opinion: ſi l'Eternité, le Tems, & ce
que

que les Latins nomment *Aeuum,* ſont tout
un, ou non : ſi lon peut imaginer un eſtat
eternel auquel il n'y ait, ny *Auant,* ny
Aprez, ny *Deuant,* ny *Derrier,* ny *Mein-*
tenant : & que tout ſoit confuz en eternité,
ſans paſſé, preſent, ny auenir. mais telles con
ſideracions me ſemblent de bien dificile ap-
prehenſion, à nous principalement qui ſen-
tons couler le tems plus ſenſiblement que
cette eau : & qui par le ſouuenir prompt, le
penſer certein, & l'imaginaire eſpoir, auons
memoire du paſſé, connoiſſance du preſent,
& attente de l'auenir. Meſmes qu'entre eus
eſt diferente la diference des mots. Eternité   Eternité.
ſans fin & commencement. *Aeuum* (car   Aeuum.
je ne ſay comme dire ceci en notre langue)
ayant commencement ſans fin : & *Tems*   Tems.
ayant fin & commencement: duquel (pour
ne dire dauantage des deus autres, leſquelz
Chalcide n'eſtime qu'un) la ſource eſt le mou-   Source du
uement du ciel. Vous voudriez donq (di je)   Tems.

a 3   que

Tems, Ciel &
mouuement in-
separables.

que le *Tems*, le *Ciel*, & le mouuement, fuf-
fent infeparables. *Il le faut bien ainfi (aiouta il) car imaginant qu'il n'y ha point de
Ciel, vous ne pourriez imaginer fon mouuement : & priuant votre imaginacion de
Ciel, & de mouuement, comme lui feriez
vous conceuoir quelque Tems ? Et fi le
Tems eft l'efpace du mouuement, comme
peut eftre le mouuement fans Tems ? ou le
Tems fans mouuement ? Vous retournez
(repliquáy je) à l'eternité. Car fi outre tou-*

Figure ronde.

*tes figures, la ronde eft fans fin & fans com-
mencement : de tous mouuemens le mouuement en rond femblera eftre de mefme con-
dicion que la figure ronde, priuee d'aucun
arreft, & fe mouuant d'un feul mouuement
pouffé en un mefme moment, haut & bas,
deuant & derrier, à droit & à gauche, &
fe continuant en foy & de foy, non d'autrui,
ou en autrui. Voyez que fi le mouuement
eft eternel, c'eftadire fans commencement ny*

fin,

fin, aussi est le Tems, qui est inseparable du
Ciel & du mouuement : & si le tems est
eternel, vous le priuez de commencement
& fin. Respondez (dit il) ie vous prie : y ha
il esprit tant grossier qui ne puisse imaginer
l'estre d'un tems present ? Non, respondi ie.
Et que le tems present (poursuiuit il) soit
milieu entre le passé & l'auenir ? Ie con-
sentiz. Un milieu (aiouta il) ne requiert il
pas necessairement deus extremitez ? vous
ne le nieriez. Voyez donq le Tems n'estre
eternel, puis qu'il reçoit milieu & par ne-
cessité deus extremitez. Ce mesme argument le me fait (reprin ie) plus viuement
eternel : car si lon ne peut imaginer aucun
tems sans present : & si le present est entre
le passé & l'auenir : i'enten fin du passé, &
commencement de l'auenir : il est euidem-
ment necessaire, que le Tems soit eternel, qui
ne peut faillir d'estre present, & ayant ses
deus extremitez les va perpetuellement &

a 4　　cont

Tems present.

Preuue de l'eter-
nité par la consi
deratió du tems
present.

continuellement eſtendant, coulant ſans ceſ-
ſe, le preſent en paſſé, & l'auenir en preſent:
Or ne permet l'impoſſibilité que le preſent,
comme milieu, ſoit ſans ſon auenir & ſon
paſſé, comme entre deus extremitez: & par
ainſi l'eſtre ſe tranſmue & change d'un per-
petuel mouuement, en auoir eſté: & le deuoir eſtre, en eſtre, ou eſſence de preſent. Or
de cette eternelle reuolucion ſeriez vous con-
treint de conclure l'eternité du Ciel, ſi le
Ciel, le mouuement, & le Tems ſont inſe-
parables. Vrayment il me ſemble qu'il vau-
droit mieus donner autre ſource au Tems
que cette cy, pour euiter l'inconuenient de
telle conſequence. Et bien (dit il) imaginons
qu'auant que le Ciel fuſt creé (puis qu'il ne le
faut croire eternel) il y auoit un eſpace, ou
autre je ne ſay quel eſtre eternel, incompre-
henſibile à nous: & qu'au moment de la
creacion, ce que nous apelons Tems (image
d'eternité à Timee) print ſon origine. Mais
(repliqu

Source du
Tems.

(repliquáy je) quelle neceßité auons nous de joindre tant indiſſolublement le Ciel & le Tems? Vous ſemble l'opinion du vulgaire ſoutenable, qui indiferemment apele du nom de Tems, le Ciel & l'air? j'oſe bien pen-ſer (dit il) cette mode de parler eſtre tom-bee du langage de quelque docte, entre les mains du vulgaire, qui, l'ayant recueillie ſans egard ou diſcrecion (ſelon ſa nature) en abuſe, ou uſe mal proprement: mais j'eſti-me le Ciel & le Tems deuoir eſtre ainſi joinz: tant pource que je penſe le Tems eſtre la duree du Monde & de ſon mouuement, duquel la plus illuſtre & belle partie eſt le Ciel: que pource que la variacion & les effetz du Tems ne nous ſont connuz, que par le tournoyément du Ciel, & principa-lement des aſtres & lumieres en lui ronlan-tes, ou fichees. En quoy diuiſons nous le Tems, ſinon en Ans, Mois, Semeines, Iours, & Heures? Mais d'ou eſt le retour des ſai-

a 5   ſons,

sons, la diference de jour & nuit, sinon du
Ciel & des astres? Cette dispute s'eschaufoit
entre nous, quand pour quelques raisons
qu'il me dist à l'oreille, & pour le respet lequel la presence des personnes qui escou-
toient, nous commanda d'auoir, nous en-
trames en propos de la diuersité des Ans:
desquelz l'estendue nous sembloit auoir esté
mesuree ores courte, ores brieue, selon les diuerses nacions: autrement la vie des Peres,
escrite par le Theographe Moyse, semble-
roit monstreuse au parāgon de notre Tems.
Oh (dist un piç & religieux de la compagnie,
nõmé HIEROMNIME) parlons piément:
& croyons les Ans, auant le deluge, auoir
esté mesurez par mesme raison, qu'ilz ont
esté depuis ce naufrage uniuersel: duquel il
est facile à croire, qu'entre les bonnes choses
la connoissance du cours celeste nous fust
sauuee: & que ce bon pere fauorit de Dieu,
Noha, n'en estant ignorant, mais respirant

encores

Longueur des
Ans auāt le de-
luge.

encores la sainte afflacion de ses predeces-
seurs, en declaira à ceus de ses enfans qui en
furēt capables, autant qu'ilz en purent com-
prendre & retenir : & tant, qu'assez nous
en est demeuré pour entretenir & lier l'humeine compagnie de ces nœuz politiques, &
economiques, auec lesquelz le genre humein
se doit perpetuer à la gloire de son createur.
Quant à la diference reconnue en la longueur des vies, & au change lequel nous
voyons estre fait en nous, de moins que d'un
mois à un an : le peché & les abominacions
en furent cause, & possible encores auiourdhui abregent, ou abregeront l'âge mortel.
Car alors que l'homme estoit un net & lui-
sant temple de Dieu, la grace de tant saint
hoste, lui faisoit faueur d'immortalité : &
la diuine splendeur tenoit en paix la natu-
turelle discorde des elemens mis en euure
en cette composicion. Mais depuis que
(malle merci du mespriz enfreingnant le
diuin

Cause de la
brieueté des vies
en ces derniers
tems.

diuin commandement) la sacree lumiere
indignee, s'eslongna, & laissa son logis malheureus (jadis demeure de luisante vertu)
en habitacion de vice tenebreus : la bride
fut lâchee à la discorde elemētaire, & auec
les vices prindrent force en la ruine du mi-
serable corps, les innombrables maladies &
le dechet de vieillesse caduque : & depuis
s'est tournee & tourne journellement en juste & meritee vengeance, la menace du Signeur, disant : D'ores en auant mon esprit
ne continuera plus si long tems les contro-
uerses auecques l'homme : l'homme qui est
tout de chair. Nul de nous (dit SCEVE) re-
fuse cette votre raison : mais il n'est defendu
de reconnoitre comme diferemment les nacions diuerses ont ordonné le terme de leur
An : & ne pourriez nier que les Chaldees
en l'antiquité de leurs disciplines n'ayent mesurez leurs Ans au cours Lunaire d'un
mois : & qu'aus autres choses ils ne l'esten-
dißent

Côme les Chal-
dees mesuroient
leur An.

diſſent en Solaires annees : & que les antiques hiſtoires Eſpagnolles pour un an n'en_
tendent que quatre mois. Mais pour venir
au Tems : les moindres parties deſquelles
ordinairement on le diuiſe, ſont les Heures,
portieres (dit Homere) du Ciel, & par les
Anciens portraites ſur le chef de Iupiter
auec les Parques , en ſinifiant qu'il eſt ſeul
gouuerneur des Deſtinees & diſpenſateur
des heures. Il me ſouuient (prin je la parole) d'auoir vù une medaille antique, de laquelle l'image eſtoit effacee, mais le reuers
apparent, d'un Dieu, acoſté à droit, de quatre Nymphes, courõnees l'une de deus bran-
ches(enlacees en couronne trionfale) fleuries
& fruitieres : la ſeconde d'epiz de froment:
l'autre de pampre & de raiſins : & la quatrieme d'un rameau chargé d'oliues. Quelcun les diſoit eſtre quatre Graces aupres d'un
Apollon, tenant l'arc & les fleſches en la_
main gauche, en ſinifiance qu'il eſt prompt

aus

Ans des anciens Eſpagnols.

Heures portrai-
tes.

aus bienfaits & tardif à nuire. Mais je le
jugeay. Iupiter foudroyant (car il y auoit
autant d'apparence d'un foudre, que d'un arc
auec les flesches) acompagné, comme pere
de toute nature, des quatre heures ou saisons
que les Grecs apellent ὥρας, ou καιρὸς : selon le successif tournoyement desquelles, Hypocrate dispose en l'homme l'imperieuse
force des quatre humeurs complexionaires:
par ordre de telle liaison, qu'en Hyuer la pituite (tresfroide de sa qualité) croist, tellement qu'encores elle abonde au Printems,
quand le sang s'augmente & prent vigueur,
comme la froideur hybernalle se tiedit, &
l'air se relache jusques à l'Esté, durant lequel le sang demeure vigoureus : mais la
colere s'esmeut, & continue son acroissement
jusques en Automne, que la melancolie
abondante estend sa puissance jusques en
Hyuer, qu'elle donne lieu à la froide pituite
recommençant le tour de cette naturelle
reuolu-

Raport des sai-
sons aus qua-
tre humeurs du
corps de l'hom
me.

reuolucion. Bien (dit il) que les heures def-
quelles nous parlons foient d'autre façon, fi
en eft le nom mefme, & me femble le mot
heure tiré (comme le Latin hora) du Grec Origine de ce
                                          mot heure.
ὥρα, ou ὥρη, finifiant entre autres chofes,
celle partie du jour, nommee de nous heure:
ou de ὥρος (combien que Paufanias n'auoue
ce mot Grec) de quel nom les Egypciens
apeloient le Soleil, fouz le mouuement &
cours duquel, il eft plus qu'euident les heures
eftre mefurees : & ce diuerfement: affauoir
en heures egales, ou des Grecs ἰσημέριναι, Heures egales.
quand tout l'entier cours du Soleil d'un à
l'autre couchant, eft diuisé (ainfi que nous
faifons ordinairement) en 24 egales parties, continuees en l'efpace entier d'une nuit,
& d'un jour acompli : & peut telle heure
eftre exprimee, une duree de tems, coulant
lequel, le Soleil paffe 15 degrez de l'Equinoc-
cial. Autres heures font inegales, tempo- Heures inegales
                                          & temporaires.
raires, ou des Grecs καιρικαί, en deus fortes,

                                          ou

ou estiuales, ou hybernales, assauoir quand
le tems auquel le Soleil illustre notre hori-
son de sa lumiere, est diuisé en douze egales
parties : & le tems qu'il est caché de nous,
en autres douze : car en Hyuer, que les jours
sont cours, et les nuitz longues, les douze heures du jour sont plus courtes que les douze
de la nuit : & au contraire en Esté, pour les
jours longs & les nuitz courtes, les douze
heures du jour passent de grand' longueur
les douze de la nuit. Car il est arresté entre
toutes nacions tel espace deuoir estre diuisé
en 24. Combien que l'opinion de ceus ne
soit despouruue ny abandonnee de bons au-
theurs, qui ont assuré quelques Anciens
auoir diuisé le jour en six, & la nuit en autant de parties : pour rendre en pareil nombre, les mois de l'an, les sines du Zodiaque,
& les heures du jour, entier & naturel. le
dy jour naturel, ou ciuil : pource que de cet
epithete est donnee la diference entre l'entier

inter

Ancienne diui-
sion du jour.

Iour naturel, ou
ciuil.

interualle d'un à l'autre Soleil : & le jour
artificiel, qui finifie le tems durant lequel Iour artificiel.
le Soleil nous efclaire : Cleobuline (dí je)
couurit d'un gracieus enigme l'ordinaire mutacion des jours. Un pere (difoit elle) ha Enigme.
douze filz : chacun defquelz ha trente filles,
moitié blanches & moitié noires, toutes
mortelles & toutes immortelles. Theodecte
(reprint il) difoit le jour & la nuit eftre
deus feurs diferentes, qui s'engendrent &
tuent l'une l'autre. Mais le Sofifte du Roy
Egypcien penfoit bien auec plus d'obfcurité
couurir la defcripcion du Monde, de l'an,
des mois, des jours, & des nuitz : propo-
fant ainfi à Efope : Dens un grand temple Enigme d'un So
fifte Egypcien,
propofé à Efo-
pe.
eft une colomne, enrichie de douze viles, cha-
cune foutenue par trente trauons, alentour
de chacun defquelz deus femmes tournoyent
inceffamment. Or-laiffant ces enigmes fa-
ciles à efclarcir, vous tenez pour affuré qu'en
tre les Rommeins anciennement le jour &

b   la

la nuit estoient diuisez en pieces non sembla
bles, ny de nõ ny de nombres. (Car le jour (j'en
ten l'espace du tems pendant lequel le Soleil
se descouure à nous) estoit diuisé en parties
qu'ils nommoient Heures: & la nuit en quatre & plusieurs veilles, ou reueilz: tellement que les plus grans jours s'estendoient
en douze heures, & les moindres en dix:
Quant aus reueilz, ou veilles de la nuit, les
noms en ont esté diuers entre les Latins:
comme entre les Grecs & les noms & le
nombre: mesmes entre nous diuers en est
l'usage: comme il apert en la disposicion des
prieres & deuocions ecclesiastiques: en l'as-
siete des guets, sentinelles, & gardes de l'ordre militaire. Mais quoy qu'ayent merité
telles diuersitez, en fin le jour, & la nuit
joinz ensemble, ont esté diuisez en 24 parties egales que nous apelons Heures. Ici (en-
trerompí je) surnait une dificulté: car toutes nacions n'ont esté & ne sont encores auiourdhui

iourdhui d'acord en l'ordre de telles supputacions. Vray, dit il: mais si ne s'en est il trouué, ny de ce tems se treuue que de quatre façons. Qui, commence le jour entier au Soleil leuant, comme jadis les Perses & Babiloniens: qui d'un à l'autre midi, comme une partie des Astrologues, & ceus qui habitoient l'Ombrie : les autres au Soleil couchant commencent à conter, pour acheuer à mesme heure, comme les Atheniens, les Iuifs, & les Egypciens. La quatrieme façon estoit des Rommeins, contans de l'une à l'autre minuit, comme nous faisons, suiuans une opinion des antiques Gaulois, que la nuit doit preceder le jour. Brief, la reuolucion est tousiours de vintquatre heures, pour le jour, qui est une autre partie en laquelle nous sommes coutumiers de diuiser le tems: & des jours (áy je ja dit) la plus familiere diference est de jour ciuil, & de jour artificiel: car l'epithete de naturel se treuue atri-

b 2   bué

bué & à l'un & à l'autre. Toutefois il se treuue que les Atheniens par la persua-sion de Solon, ont donné ordre & nombres à leurs jours selon le cours de la Lune. Les Thebeins selon le cours du Soleil. En fin toute la Grece & l'Italie auec plus heureus succez, essaya de les reduire en un acord de l'une & de l'autre planette : aioutant, ou otant, à chacun mois un ou deus jours, à fin qu'à certein terme l'An fust acompli de son nombre de jours, & mois, solaires & lunaires. Il seroit (di je) malaisé de restrein-dre souz une particuliere descripcion les jours, puis que les regions sont esclairees du Soleil ou plus ou moins qu'elles sont prochei-nes de sa ligne. En Alexandrie les jours s'estendent quatorze heures : l'Italie les ha de quinze : & l'Angleterre de dix & sept, ou les nuitz en Esté ne demeurent sans clarté. Et ici, nous voyons en ce tems combien peu les nuitz durent. Les jours (aiouta il) sont

de

de plus admirable mesure en l'isle de *Thu-*
*le,*qui voit le Soleil six mois continuelz : &
puis en est autant de tems priuee. Si n'a em-
pesché cette varieté que le jour n'ayt esté la
plus ordinaire mesure auec laquelle toutes
nacions ayent departi & disposé leur *Tems:*
comme en fait foy l'obseruance des ceremonies,des permißions, & defense de tout tra-
uail destiné au politiq usage. *Auec* quelle
supersticion, je vous prie, eslisoient les anciens *Rommeins* les jours heureus aus en-
treprises militaires? comme obseruoient ils
les *Egypciaques, Apophrades, &* malheureus? comme se contregardoient ils, les pro-
cheins jours suiuans les *Calendes, Nones, &*
Ides, les ayans en estime de polluz & malheureus, autant pour le fait de la guerre
que pour l'assemblee des estatz? *Encores*
(dí je) en dure auiourdhui entre nous la
marque telle qu'entre les *Rommeins,* qui
surnommoient les jours, ou FESTI, ou

b 3   PRO

PROFESTI, *ou* INTERCISI: *Que
nous dirions jours de feste, pour le seruice des
Dieus: jours ouuriers, pour les euures & la-
beurs des hommes : & jours entrecoupez
(ainsi ditz pource que lon pouuoit trauail-
ler entre l'heure que la beste estoit tuee
pour le sacrifice, & l'heure de la consideracion des entrailles) despenduz partie au seruice diuin, & partie à l'usage des hommes.
Autres jours estoient lustriques, ausquelz
auec les ceremonies propres lon nommoit
(vous diriez batiser entre nous) les enfans
masles le neuuieme, & les femelles le huitieme de leur naissance. Ie ne treuue (aiouta
il) estrange que telle fantasie ayt ocupé les
hommes, vù que l'espece humeine semble
estre ineuitablement sugette au vice de trop
legere creance des supersticions. Les Chalce-
doniens n'ont jamais passé le vint & unieme
du mois qu'en creinte & en opinion que tel
jour fust mortellement malheureus : tant ils
se re*

Iours entrecou-
pez.

Iours lustri-
ques.

Supersticion des
Chalcedoniens.

se resentoient durement de la playe qu'un
general de Darius leur fit, à un tel jour.
Les Perses difamoient de surnoms odieus, Iours detestez par les Perses.
comme infames & lamentables, les troizie-
me & sizieme d'Aoust, pource qu'à sembla
bles jours ils auoient quelquefois esté def-
faitz : & par expres se douloient de leur
perte en la bataille Marathonienne. Le
premier jour d'Auril sembloit malheureus à Darius, ayant reçu en ce jour un
grand dommage par Alexandre: Et n'estoit
en plus honnorable estime à Chartage: pour
ce que les Chartaginois à jour pareil, furent
par Timoleon vaincuz & chassez de Sici-
le: comme encores ils detestoient & auoient
en horreur, le neuuieme de Iuillet, auquel
meintes calamitez leur estoient suruenues.
Mais que voudroi je me souuenir de plus
grand nombre de telz exemples? vous sauez
assez comme les histoires en sont pleines.
I'ay entre telles curieuses annotacions (dí je)

b 4   pris

pris garde au jour natal, le plus souuent
insine de quelque heur, ou malheur d'importance. Timoleon aus jours reuoluz de sa
naissance, contenta les Siracuzeins de ses
plus illustres victoires, tellement que ce jour
entre eus estoit honnorablement solennisé.
Iule Cesar ne passa jamais le douzieme de
Iuillet, (Mois ainsi nommé de lui) sans
acroissement de bon heur. Charles cinquieme, Empereur auiourdhui viuant, peut
marquer de blanche craye le 2 4 de Feurier,
son jour natal, auquel l'honneur de la couronne Imperiale, & la prise du Roy François lui ont assemblé le comble de son heur.
Comme le jour (dedié depuis en grande solennité) auquel Philipe Macedonien reçut nouuelles de ses chariots, vainqueurs
aus jeus Olympiens : de Parmenion lieute-
nant general de son armee, ayant gagné
une bataille : & de la naissance de son filz
Alexandre : laissa exemple de quelque se-
crette

crette faueur de fortune aus jours efluz &
affectez à l'heur. Moins notable n'eft pour
le contraire, le jour natal d'Atalle, qui lui
fut jour de naiffance, & puis fin de la vie:
de Pompee, qui un jour apres le folennisé
de fa naiffance, par la mort laiffa fortune
impuiffante de le plus pourchaffer: et d'Ale
xandre, qui, le jour celebré de fa natiuité,
mourant, changea la joye de la folennité, en
dueil & triftes funerailles. Ainfi (aiouta
il) trouuerions nous chacun jour de l'annee
heureus & malheureus fi nous confiderions
les accidens auenuz. N'auez vous pas lù
qu'au jour de la naiffance de ce grand Alexandre, le temple d'Ephefe, confacré à Diane, fut brulé par Heroftrate, tafchant de
s'immortalizer par la memoire de tant in-
fame facrilege? & que les Perfes mis en
route, furent honteufement vaincuz? Ie ne
veus vous ennuyer longuement au recit d'hi-
ftoires trop connues: montrant par vetita-

ble preuue, les jours semblables auoir donné
des fortunes diuerses aus peuples Grecs, &
Rommeins: & mesmes aus particuliers capi
teines & Empereurs : ainsi qu'à Crasse
& Lucule, qui en jours pareilz (bien qu'en
diuerses annees) ont fait des pertes pres-
ques irreparables, & executé des entrepri-
ses à leur auantage & louenge immortel-
le. Encore d'Auguste se peut recueillir
un tesmoignage : Car le jour semblable à
celui qui lui fut premier à la gloire Imperiale, lui fut conté le dernier de sa vie.
Vrayment (di je) vous me remetez en memoire les supersticieuses raisons recitees par
Hesiode en ses jours & euures : & imitees
par Virgile au premier de ses Georgiques,
sur l'egard des jours : entre lesquelz le premier, le quatrieme, & settieme, sont sacrez
à Iupiter. Le premier, comme premier de
tout nombre & sur tous d'estre auoué par le
premier des Dieus : puis (au témoignage de
Plat

Iours sacrez à
Iupiter.

Platon) que tout commencement est diuin.
Le quatrieme, comme estant du nombre
parfet, & duquel les parties recueillies acom
plissent la dizeine & contiennent toutes les
Raisons & proporcions musicales: & le settieme, comme premier composé de deus par-
fettes parité & imparité : representant la
generacion de toute chose souz la puissance
de ce grand Dieu, pere de Minerue, à laquelle ce nombre est comparé : & pource
qu'à tel jour, Latone enfanta Apollon, filz
de Iupiter, & lumiere du monde. O que Hesiode (dit HIEROMNIME) auoit bien fueil
leté les liures de Moyse, enuelopant si cau-
tement les secrets de la creacion, & le repos de Dieu souz le repli de ses fables. Ie
croy bien (respondi je) qu'il n'estoit sans
Theologie, comme l'on peut soupsonner au
discours du mois qu'il poursuit jusques au
trentieme, à quel jour la Lune en sa conionccion estoit honoree à cause de l'union,

Hesiode Theo-
logien.

pour

pour image de verité : car l'unité est sacree
à verité, comme la pluralité au mensonge.
Auez vous (dit SCEVE) jamais espié les
jours heureus notez par les Caldees, & depuis obseruez par les Astrologues jusques
auiourdhui ? croyans les jours & les heures tirer du Ciel ou l'heur ou le malheur?
Ie laisse (dí je) ce grand secret à leur Albu-
mazar : escriuant que celui duquel l'oraison
sera faite à Dieu alors que la Lune sera
coniointe auec Iupiter à la teste du dragon,
impetrera l'entier de sa requeste : A quoy
le bon Petrus aponensis aioutant foy & de-
mandant à Dieu le don de science, ne faillit
pas d'auoir belle rencontre. Ie ne veus (poursuiuit il) prendre la querelle pour soutenir
tant embesongnee vanité : mais si me semble l'obseruacion des heures & des jours fort
necessaire : encores que l'usage de la Mede-
cine ne dust estre en toutes parties (s'adressant à moy) selon votre opinion aprouué:
car

Sotte supersti-
ciond'Albuma-
zar.

car chacun sent en soy , que les particuliers
tems du jour respondent fort à propos aus
grandes & annelles saisons : & ne me semble impertinent le raport du matin au
Printems:du midi à l'Esté : du soir à l'Au-
tonne : & de la nuit à l'Hyuer. Vous semble indine d'estre notee l'opinion de Galen,
qui veut l'heure du manger estre choisie
plustot fresche que chaude,à fin que par une
naturelle antiperistase, la chaleur repoussee
au dedens,renforce la faculté concoctrice &
digestiue ? d'ou possible (joint l'heure procheine du dormir qui ayde beaucoup à di-
gerer) la coutume d'auiourdhui est fondee,
que le souper se sert plus opulemment , que
le diner.Et des jours judiciaires, qu'ils nomment Crisimes, Critiques, Theoriques , ou
Decretoires, combien en est admirable l'obseruacion, par laquelle Nature semble pre-
dire long tems deuant,aus assistans du ma-
lade, une assurance de mort, de peril, ou de
santé?

santé ? *Galen* renuoye à la plus speculatiue
consideracion des *Filozofes*, ceus qui vou-
dront s'enquerir si les nombres ont quelque
accion : ou si seulement, suiuant les mouuemens ordinaires, ilz acompagnent les sub-
stances qui font leurs accions par quelque
espace nombreus de tems limité. *Toutefois*,
tenant pour opinion reconnue de tous les

Opinion de Ga-
len touchant les
influences des
corps celestes.

hommes de bon sens, que les corps celestes
estendent ça bas, & sur toutes choses ele-
mentaires, leur puissance : & aioutant à
l'experience multipliee jusques en infinité
(s'il se peut) par lui & par son phare *Hy-*
pocrate, un confessé apotelesme : que tout le
beau qui nous ouure ça bas les yeus, à la
connoissance de beauté : & tout l'ordre qui
agence sous le cercle de la *Lune* les choses de
quelque artificiel ornement, doit estre remer
cié à la celeste nature : & de ce qui au contraire est enlaidi d'une desordonee & variable confusion, doit estre acusee l'imperfec-
cion

cion de la matiere elementaire:il ha conclu
hors de toute negatiue , que par le cours de
tous les astres,mais plus euidēment du Soleil:
& expressement de la Lune, au moins plus
procheine (si elle n'a plus de puissance) de
nous que tous les autres,peuuent estre mar-
quez certeins jours notables pour la santé,
& pour les maladies , aparens deuins des
malades, & juges trescerteins de ce qui leur
doit auenir : selon que (la matiere vaincue
par nature, ou nature vaincue par la matiere)les mouuemens sont conduits par cours
bien ou mal ordonnez : & que les proporcions de plus ou de moins, laissent indice du
salutaire ou dangereus auenir. Ie sortirois
trop loing de notre propos commencé, &
vous desplairoit ce medicinal discours , si je
mettois en auant les jours dangereus ou sa-
lutaires, tyranniques, ou Royaus, sizieme, Iours tyranni-
ques & jours
Royaus.
huitieme, dizieme,douzieme, seizieme,qua-
trieme, settieme, onzieme, quatorzieme, &

autres

autres defquelz les Medecins tirent leurs
jugemens. Ce difant nous aprochames mon
Iardin, duquel leur montrant l'entree: Al-
lons (di je) prendre l'esbat de l'eau, car l'air
de tant douce difpoficion, m'auife des jours
Alcyonides, fi heureus tant qu'ils durent
(foit ou cinq ou neuf ou quatorze jours)
de toute calme tranquilité, que la mer eft
affuree: & plus ici, ou, loing de mer, les vents
ont moins d'autorité. C'eft (aiouta SCEVE)
chofe eftrange que de cet oifeau : qui au plus
fort de l'Hyuer, & en plus haute mer, pond,
& couue fes œufs, auec tant fauorable pitié
du Ciel, (comme Lucian dit en fon Alcion)
que l'air & la mer demeurent tranquiles
& calmes jufques à ce que les petiz foient
efcloz. Il fe taifoit arrefté en la confidera-
cion du lieu, quand: Mais aurons nous
(lui demandáy je) acheué les parties du
tems par le jour ? La Semeine (reprint il
la parole) receuroit quelque tort, comme

merit

meritant bien d'estre nommee pour une des
principales pieces de cette diuision, puis qu'elle
enclot en une reuoluciõ de soymesme le nombre acompli des sept jours, & un cours entier des sept planettes : desquelles, chacun
des sept jours est surnommé. Ie ne vous veus
(s'adressant à moy d'un souriz) alleguer un
nouuel acord de musique, pour prouuer
l'ordre confuz de la denominacion des jours,
n'estre confuz ny temeraire. Non, Non
(respondí je de mesme face) les raisons Musicales feront place à autre opinion. Ce sera
donq (dit il) à un ordre obserué des Anciens, montrans qu'en sept jours, par tournoyement de sept fois 24 heures (inegales
selon aucuns, ou egales, à l'opinion de quelques autres) les planettes se treuuent auoir
acheué un periode ou tournoyement de parfette rondeur : car au lundi, nommé de la
Lune, la premiere heure reconnoit la Lu-
ne : la seconde, Saturne : la troizieme, Iu- Heures rapor-
tees aus Pla-
nettes.

c   piter:

piter : la quatrieme, Mars : la cinquieme,
le Soleil : la sizieme, Venus : la settieme,
Mercure : la huitieme, la Lune : & la
neuuieme, Saturne : continuant touſiours
cet ordre de denombrement, par la pour-
ſuite duquel vous voyez que la vint &
quatrieme, derniere du lundi, ſera ſous Iupiter : & la premiere du jour ſuiuant, ſous
Mars, duquel il eſt nommé mardi. Tellement que ſi vous pourſuiuez cette repeti-
cion ſeptenaire par ſept fois 2 4, commençant à la premiere heure du lundi pour la
Lune, vous connoitrez la premiere heure
de chacun jour eſtre apropriee à la Planette
de ſon nom, & à meſme heure la ſemeine
ſuiuante, c'eſtadire la premiere du huitieme
jour, un meſme ordre eſtre recommencé :
tant le ſeptenaire ha de puiſſance, auouee
des Medecins, qu'ils conduiſent leurs jugemens, par ſemeines, plus ſeurement que par
quaternaires de jours : & comme le mois
lunaire

lunaire nous aprent, qui est parfet (plus de
bien peu) en quatre semeines, entre deus
coniunccions de Lune & de Soleil: ou par
une entiere aparicion de ἀρτίτοκος, nou-
uellement née: μηνοειδὴς, ou μονοειδὴς,
premier croissant: puis διχότομος, demi
pleine: suiuie de ἀμφίκυρτος, plus qùà
demi pleine: apres πανσέληνος ou pleine
Lune, changee en amphicyrte et dichotome,
sept faces tant nommees par les Anciens:
apres le douzieme retour desquelles, la Lune estoit reuue au mesme lieu d'ou elle auoit
commencé: & de là recommençoit le cours
d'un nouuel an obserué par les Arabes, de   An des Arabes.
douze mois lunaires. Car de tous ha esté re-
çu le mois pour une partie de la diuision du
tems: & ne say si le mot est tiré du langa-
ge Eolien μεὶς, sonnant de plus pres notre   Deriuacion de
mois François, que le Latin MENSIS, puis   ce nom, Mois.
que nous sommes contreins de confesser
qu'en cet endroit la liberalité des estrangers

C 2   nous

nous afranchit de la barbare confusion, en laquelle nous serions: comme toutes nacions ont esté longuement, auant que pouuoir reduire en meilleur ordre un nombre, par la suputacion duquel nous reconnußions la parfette reuolucion des lumieres celestes, qui guident & auiuent notre vie. Car les Chaldees, les Egypciens, les Indiens, les Grecs, & les Latins y ont esté variables & incerteins en plusieurs sortes : ores clouans leur mois au cours de la Lune : ores indiscrettement (comme du tems de Romule en Italie) les estendans moins de vint jours : ores plus de trentecinq: & les Indiens (si *Quinte Curce* est à croire) descriuans leurs mois de quinze jours, selon le demi cours de la Lune, d'un à autre quartier qu'elle commence à se courber, & deuenir cornue. Numa, second Roy des Rommeins, & homme studieus des choses celestes, connut les mois mal ordonnez estre la confusion de l'An: & aperçut (par

Iâuier et Feurier aioutez par Numa.

l'auert

l'auertiſſement des Grecs ou des Egypciens)
l'erreur naiſtre, par faute d'entendre la diference des cours de Soleil & de Lune_:
quand corrigeant ce deſordre, il aiouta deus
mois, Ianuier & Feurier, aus dix de ſes pre-
deceſſeurs. Lors fut plus clerement par les
Matematiciens deſcouuerte la diference de
l'un & l'autre cours: ſelon leſquelz, deus ſortes de mois prindrent nom. Car le mois So-　*Mois Solaire.*
laire s'eſtend autant de tems que le Soleil
demeure à s'auancer d'une douzieme partie
du Ciel. & le mois Lunaire, s'il eſt ſynodi-　*Mois Lunaire*
que, autant que la Lune demeure à paſſer　*ſynodique.*
treize ſines du Ciel, pour ſe rencontrer en
conionccion de Soleil, qui ce pendant en auoit
couru un. S'il eſt periodique, il s'eſtend en 2 7　*Mois Lunaire*
jours 7 heures 4 3 minutes, ſelon la plus fa-　*periodique.*
uoriſee opinion : la derniere eſpece de mois
Lunaire eſt, mois eſclairant ou d'illumina-　*Mois Lunaire*
cion, depuis le jour qu'on la voit naiſtre, juſ-　*eſclairant.*
ques à ce que du tout elle eſt diſparue. En-

C 3　　cores

cores lon ha aiouté à ces diferences de mois:
 un mois Ciuil, comprenant generalement
toutes les diuerſitez obſeruees en l'aſſemble-
ment des jours : compoſans le mois duquel
chacune nacion ſcet meſurer ſon Tems. Et
pour choſe arreſtee, eſt reſolu, que l'ordinaire
nombre pour clorre un An, eſt douze : deſ-
quelz l'ordre & les noms uſitez auiourdhui
entre nous ſont purement tirez du langage
Latin : mais les Grecs les ont autrement
meſpartiz, que les Latins, & nous autrement que les uns, ny les autres. Car les Latins diuiſans leur mois en trois ſortes de
jours, ont nommé les uns Calendes, ou du
mot Grec καλεῖν, qui ſinifie apeler en jugement, ou faire aſſemblee : car au jour nommé Calendes ſimplement, c'eſtadire le premier du mois, le Senat eſtoit aſſemblé : ou du
mot Latin CLAM, que les Grecs dient
λάθρα : & nous, en cachette ou celeement :
pource qu'à tel jour la Lune coniointe auec
le Sol

le Soleil se cache & cele de nous. Vous n'estes
(cróy je) d'opinion que Plutarque soit à re-
prendre, l'ayant ainsi dit: principalement en
Problemes ou chacun se peut jouer libre-
ment : comme encores il deduit (dont il est
reproché assez delicatement) les Nones, se- Nones.
conde façon de jours, pource qu'à ce jour la
Lune neuue commence à se montrer : &
les Ides (jours de troizieme sorte) de εἴδω, Ides.
qui sinifie voir, ou de εἶδος, c'estadire, face:
car à ce jour la Lune montre sa pleine &
plus entiere face. Trouuez, si bon vous semble, les autres raisons meilleures : & que les
Nones soient ainsi apelees, comme si vous
disiez neuuiemes (N O N V S entre les Latins) pource que le jour noté de ce nom, est
le neuuieme deuant les Ides : que lon peut
tirer de I D V L A, ou I D V L I S, mot He-
trusque, sinifiant une brebis sacrifiee tel
jour à Iupiter. Mais quelque cause que lon
puisse donner à telz noms, il est certein &

tout vulgaire, que les Latins apeloient une partie des jours de leurs mois, Calendes, une autre Nones, & une autre Ides. les Nones estoient nombrees ou six ou quatre, selon l'ordre destiné par leurs Calendaires: les Ides huit : & tout le reste en Calendes, le tout en contant d'un ordre renuersé. Quant aus Grecs ils ont diuisé leurs mois en trois dizeines : & nommoient le premier jour νȣ-μήνια, autant que nouueau mois, nouuelle Lune, ou Calendes : & continuoient jusques à dix par δευτέρα ἱϛαμένȣ, τρίτη ἱϛαμένȣ, & le reste : que nous dirions second, du mois commençant : troizieme, du mois commençant : & ainsi jusques au dizieme δεκάτη : apres lequel commençoit la seconde dizeine surnommee μεσȣντος comme du milieu, & se contoit πρώτη ἐπὶ δέκα, le premier apres dix : δευτέρα ἐπὶ δέκα, le second apres dix : τρίτη ἐπὶ δέκα, le troizieme apres dix : & ainsi poursuiuant le

nombre

nombre juſques à dix, ou le vintieme ſe rencontre, nommé ἐικάς, vintieme : qui eſt ſui-
ui de la troizieme dizeine du mois φθίνου,
ou λῆϳου, finiſſant, ou ceſſant : de laquelle
ils nommoient le premier jour (c'eſtoit le 21)
ϖρώτη ἐπὶ ἐικάδη : le ſecond, δ̀ευϳέρα ἐπὶ
ἐικάδη, le premier apres le vintieme, le ſecond apres le vintieme : & ainſi des autres :
ou bien diſoient au vint & unieme δέκαϳη
φθίνουϳος, ou λήγουϳος, dizieme du mois
finiſſant ou ceſſant : & au 22 ἐννάτη φθίνουϳος, neuuieme finiſſant : continuant ainſi
d'un ordre renuerſé, dizieme, neuuieme,
huitieme, & ainſi juſques à un, qui eſtoit
le trentieme ἐνὴ κὰι νέα. Mais nous, d'un
fil, contons juſques à trente ſans autrement
en deſguiſer l'ordre. Quant aus noms, les
Grecs & les Latins les ont diuers, & nous
auons retenu le mot Rommein. Car ce
qu'ils ont nommé IANVARIVS, nous
l'auons acommodé à notre langue Ianuier :

c 5   & les

& les Grecs le nommoient diuerſemēt ſelon
leurs diuerſes nacions, & pour cauſes tirees
de diuerſes ſuperſticions : auſſi me ſufit il
de dire , que les Atheniens (plus illuſtres
de tous) nommoient cetui d'un mot nu-
pcial Γαμηλιὼν , pource qu'en ce mois
l'on ſacrifioit à Iunon (laquelle au recit de
Plutarque , ils croyoient preſider au Mois,
comme Iupiter à l'An) Deeſſe des noces.

Le mot IANVARIVS eſt trop euidem-
mēt deduit de IANVS, Roy des Latins, duquel l'on fait la ſtatue à deus viſages : pource qu'il montre la fin & le commencement
de l'annee : ou pource qu'il vid les ſiecles (car
il eſt pris pour Noha des Hebrieus) deuant
& apres le deluge : ſi celui n'eſt crù qui eti-
mologiſe IANVARIVS de αἰωνάριον,
comme chef ou pere de l'âge. Auſſi eſt il
repreſenté par diuerſes ſtatues ſinifiantes
l'an. Une en recite Pline auoir eſté conſa-
cree par Numa, à deus viſages : & ayant

les

Deriuacion du nom de Ianuier & la cauſe.

Diuerſes ſtatues de Ianus.

les dois des mains entrelacez, & diſpoſez
en telle figure, que le nombre 3 6 5 y eſtoit
repreſenté (car vous ſauez que les Anciens
notoyent les nombres par ſines & diſpoſi-
cions de dois) comme entendant par tel
nombre des jours de l'an reuolu, qu'il eſtoit
Dieu du Tems. Ie ne puis oublier une forme de ſtatue, dediee à ce Dieu, ayant en
la main droite la figure de τ. & en la gauche, ξ, ε, ſinifiant par τ, le nombre 3 0 0.
& par ξ, 6 0. & par ε, cinq. Ie ne vous
diray choſe inconnue, le deſcriuant en ſtatue de quatre formes, ſous conſideration des
quatre ſaiſons : ou (non plus pour an, mais
pour ce mois) tenant une clef en la main, le
ſinifiant portier de l'annee, & ſeray aiſe de
vous faire ſouuenir, que ce mois fut en
Athenes apelé Nouembre & Iun, pour
une plaiſante raiſon: Demetrie (celui qui
fut ſurnommé pour ſon heur aus prinſes
des viles, ϖολιορκητὴς) retournant de ſon

victor

Plaiſante raiſon
pourquoy les
Atheniés nom-
merent le mois
de Ianuier No-
uembre & Iun.

victorieus voyage de Corinte, Arcadie,
Mantinee, & autres païs & viles, presque
aussi tot conquises que vuës: escriuit aus
Atheniens, qu'à son arriuee, ils s'apprestas-
sent sans diferer de lui faire voir tous les secretz, & sacrez mysteres de leur religion:
duquel auertissement estonnez (car en ce
tems cela estoit estrange & non acoutumé,
voire estimé comme sacrilege impieté) ils
assemblerent le conseil, ou fut mis en deli-
beracion, s'il seroit permis de changer &
enfreindre l'ordre de leurs ceremonies: par
lesquelles le jour des grans mysteres estoit
assigné en Nouembre, & le jour des petiz
mysteres en Iun par commandement inuio-
lable, d'ou s'aprestoit un dangereus inconuenient, vù qu'ils estoient encores en Ianuier,
comme remontroit Pythodore, maitre de
leurs saintes ceremonies: duquel toutefois
la supersticieuse harengue fut si mal acom-
pagnee de persuasion, que sans y auoir egard

(à fin

(à fin que Demetrie, desia assez insolent, ne
fut irrité) Stratocle publia un edit par lequel, Γαμηλιὼν (notre Ianuier) qui ne
faisoit que commencer, seroit nommé ἀνθε-
ϛεριὼν qui est Nouembre : & sous telle
couleur, les grans mysteres celebrez indem-
nément & sans aucune coulpe : apres l'ac-
complissement desquels, ce qui resteroit de ce
mois, auroit nom ἑκατομβαιὼν (nous diriõs
Iun) pour faire excuse de si subtile cautelle,
au peché de solenniser les petiz mysteres, au
contentement de Demetrie, auquel par ce
moyen furent en peu de jours communiquez
tous les secretz sacrez, qui à peine en un an
pouuoient des autres estre honorez, &
vùz reueremment. Bien folle (aioutáy je)
me semble leur supersticion, car autre mois
n'estoit plus propre à si deuote confusion, que
cetui : sacré, de la doctrine Pytagorienne,
aus Dieus celestes, à cause de l'imparité de
ses jours. Uray (dit il) & pour le nombre
pair,

pair, comme abominable est sacré, aus Dieus infernaus son mois suiuant, nommé des Latins FEBRVARIVS, de nous Feurier, & des Atheniens ἐλαφηϐολιὼν, qui en ce mois chassoient les cerfs (vous sauez que c'est ἔλαφος) en memoire de Diane leur deesse tutelaire : & au nom de laquelle les festes estoient solennisees : si meilleure ne semble la raison tiree de ce qu'en ce tems le cerf se despouille, & se desarme la teste, pour la renforcer de nouuelle ramure. Mais les Latins ont deduit ce nom FEBRVA-RIVS, de FEBRVVM, sinifiant entre les Sabins, la laine, les rameaus, & tout ce qui estoit necessaire aus sacrifices pour les purificacions : ou (auec Macrobe) du Dieu Februus, pource qu'il estoit inuoqué en ce mois, aus processions faites en intencion de purger les fautes du peuple : ou de Iunon Februelle, à laquelle les Rommeins solennisoient ce mois des lupercales, & celebroient

quelq

quelques funeraus anniuerſaires en conſideracion du repos des mors, & à fin de chaſ-
ſer les Fantaſmes (ſi je puis ainſi parler)
de leurs maiſons, & les nettoyer des tene-
brions, folléz, & autres illuſions nocturnes,
que nous apelons eſprits. Toutefois aucuns
l'ont dedié à Neptune, comme le ſuiuant
mois de Mars au Dieu Mars, duquel les
Latins l'apeloient MARTIVS (nous dirions en notre langue Martial) ſuiuant
l'inſtitucion de Romule, premier Roy &
edificateur de Romme, qui en ſe vantant
eſtre filz de Mars, voulut lui ſacrer ce mois
premier de l'An : joint qu'une nacion tant
guerriere ne pouuoit mieus commencer que
par la memoire du Dieu des armes & ba-
tailles. Ie vous laiſſe balancer de quel poix
eſt la raiſon de ceus, qui dient qu'à la creacion du monde le mouton (ſine celeſte) eſtoit
au milieu du Ciel : & que le premier Mois
ne pouuoit eſtre mieus nommé que par le

Mars jadis pre-
mier mois de
l'An.

Dieu

Dieu Mars, auquel le Mouton est peculie-
rement consacré : pour n'oublier que les
Atheniens du nom des festes Munichies,
de Diane surnommmee μ8ννχία, nommoient ce mois Μ8ννχιὼν : ou pour l'assemblee qui en ce Tems estoit faite en la tour
Munichie pres d'Athenes, qui (long tems
apres qu'Epimenide l'eut predit) fut le plus
certein moyen de la ruine de la ville, & ser-
uitute des Atheniens, miserables sous An-
tipatre, & traitez en toute cruauté. Auril,
des Latins APRILIS, lequel depuis Ne-
ron surnomma Neronnee, fut consacré à
Venus, à fin qu'ainsi que le premier mois
estoit du nom de Mars, pere reputé de Romule, le second fust sous la charge de Venus, mere d'Enee, auquel les Rommeins
deuoient leur origine : Aussi le sinifioit le
nom APHRILIS (l'aspiracion auec le tems
otee) tiré de ἄφρον, c'estadire, escume, d'ou
Venus disent les Poëtes engendree, à bon
droit

Auril consacré
à Venus.

Etimologies di-
uerses du nom
Aprilis.

droit eut nom ἀφροδίτη: lon lui donne une
autre etimologie, de A P E R I R E, ouurir: car
en tel tems la terre ouuerte pousse dehors
la douce esperance des fruiz : la mer par
l'Hyuer defendue aus Nochers, se fait calme,
nauigable, & ouuerte, auec plus d'assurance,
& l'air desglacé & esclarci ouure le serain
de sa plus riante face. Le nom Attique est
θαργηλιὼν, tiré de presque semblable deduccion. Comme vous diriez θέρει γῆν ἥλιος,
Le Soleil eschaufe la terre. Ou des solenni-
tez nommees Thargilies, celebrees en ce tems
par immolacion de deus hommes surnommez salutaires : l'un en deuocion des hommes, & l'autre des femmes : en l'honneur
d'Apollon : auquel en outre lon ofroit des
premiers fruiz alors trouuez cuiz dens un
vase, qu'on apeloit θάργηλος. Ce point me
fait souuenir de quelcun reprenant Macrobe, pource qu'il nomme ce mois ἀνθεςηριὼν, trompé possible de la prochaineté d'un

d autre

autre ἀνθεςεριὼν, ou Nouembre: qui vient
de τῶν ἀνθῶν ςερήσιος, qui eſt priuacion
de fleurs ou de ςερέω, qui ſinifie priuer &
deſpouiller: Mais Auril vrayment me ſem
ble ἀνθεςηριὼν, deduit de ςερίζω, & ἄνθη,
produiſant & confirmant les fleurs : ou
quand il feroit nommé ἀνθεςεριὼν, ſa denominacion feroit de ςερέω, qui ſinifie
conſolider. Auſſi, ce mois, les Grecs ſolenni-
ſoient les Antheſtiries, & les Latins de
l'inſtitucion de Numa faiſoient leurs proceſſions aus jours feriez, ſous les noms de

Proceſſions des Rommeins.

FLORALIA, & RVBIGALIA : pour
la conſeruacion des fruiz. Le mois de May,

Deduccion du nom Maïus.

aus Latins MAÏVS, eſt certeinement nommé de Maieurs : car Romule ſepara ſon
peuple en vieus, & en jeunes : à fin que les
vieus, qu'ils apeloient MAIORES, comme
nous auons reçu maieurs, aydaſſent la choſe publique de conſeil : & les jeunes la de-
fendiſſent par vigueur, & par armes. Les
Maieurs

Maieurs donq plus venerables, meritans le
premier & plus reuerend lieu apres Mars
& Venus, Dieus tutelaires ou defenſeurs
de Romme & des Rommeins : donnerent
nom au troizieme mois. Cette raiſon (bien
qu'aſſez aparente) n'a pû contenter ceus qui
ont dit, MAÏVS venir du Dieu MAIVS,
c'eſtadire Iupiter, qui de grandeur & mageſté ſe hauſſe ſur les Dieus : ny les autres le
denommans de MAIA, mais diuerſement: Maia Deeſſe.
Car les uns ont crû qu'elle fuſt femme de
Vulcan, ſurnommee autrement, Mageſté:
ou autrement entendoient par cette MAIA,
la Terre, notre grande & uniuerſelle mere,
à laquelle, ſous nom de BONA DEA, ſe
faiſoit ſacrifice d'une truye pleine, auec telles
cauſes, & ceremonies que vous ſauez eſtre
eſcrites par Macrobe. Si mieus ne plait cette MAIA, eſtre mere de Mercure, auquel Mercure D[ieu]
les marchans (comme à leur tutelaire) ſa- tutelaire des m[ar]-
crifioient en ce mois, nommé par les Athe- chans.
d 2   niens

niens σκιῤῥοφοριῶν, des mysteres dediez à
Minerue: apelez σκιῤῥοφόρια, ausquelz lon
portoit des ombrages & rameaus à faire
fueillee, en memoire de Thesee, & sine de
nouuelle edificacion. Ainsi fut nommé At-
tiquement notre Iun des Ecatombes, aus-
quelles lon sacrifioit cent beufs à Iupiter, ou,
de bien diuerse opinion, cent pieces de certeine monnoye: car βῦς, sinifie non seulement un beuf, mais encores une espece de
monnoye marquee de la figure d'un beuf:
d'ou fut brocardé Demosthene quelquefois,
soutenant froidement une cause qui lui
estoit chargee, mesmes se taisant sur les
points qui requeroient la plus eloquente &
persuasiue defense: βῦς (dit quelcun le no-
tant de corrupcion) ἐπὶ γλώτης. Il ha
(entendoit il) le beuf sur la langue. Mais
je disois que de cette solennité les Atheniens ont apelé, Εκατομβαιὼν Iun, aus
Latins nommé IVNIVS, de la seconde
partie

Denominacion du mois de Iun.

partie du peuple Rommein, aſſauoir les jeunes: qui du nom IVNIORES, preſterent
l'etimologie de IVNIVS: ou fut des Pre-
neſtins & Latins, à l'opinion de Macrobe,
en reuerence de Iunon premierement nommé IVNONIVS, & auec le tems pour
r'acourciſſement du mot N, O, effacez, laiſſe-
rent Iunius, friuolement raporté à l'autorité de Iunius Brutus, premier Conſul Rommein: auant lequel long tems, du moins
240 ans, du regne des ſept Rois, ce mois
iouiſſoit de tel nom, nonobſtant la fable de
la Deeſſe Carna & ſes féues au lard, moins　Carna Deeſſe.
à croire que la deduccion de joindre (à
IVNGENDO, diſent ils) pource qu'en tel
tems les Sabins & les Rommeins, oublians
toutes querelles paſſees, traiterent paix, al-
liance & conionccion enſemble. Mais je ne
ſuis auec un docte de cet âge, qui ha penſé
l'Athenien μεται̃ γδτνιω̃ν eſtre May. Combien que Gaza (homme Grec & Latin de

d 3　　　la

la plus clere erudicion) assure cetui estre
notre Iuillet, second mois des Atheniens,
ainsi nommé, pource qu'alors les peuples
voisins assemblez solennisoient la feste Me-
tagitnie, en l'honneur d'Apollon. Le mot
Latin I V L I V S fut suposé par Iule Cesar,
né le douzieme de ce mois : à Q V I N T I-
L I S, nous le dirions cinquieme, pource qu'il
est tel en ordre, à commencer à Mars, selon Romule. Ainsi qu'Aoust, nommé
S E X T I L I S ou sizieme, fut apelé A V-
G V S T V S du nom d'Auguste, ayant en
ce mois premierement aspiré, & atteint à
l'honneur du Consulat : raporté à la vile la
gloire de trois trionfes, rendu l'Egypte tri-
butaire de l'Empire, & embelli les memoi-
res de ce mois de plusieurs choses illustres,
& heureusement auenues, en faueur du
nom Rommein. Aussi que lui, second &
successeur magnanime & industrieus du
feste Imperial de tant superbe Republique,
merit

meritoit bien de succeder en l'honneur de
nommer de soy le prochein & successif mois
de son predecesseur. Les Atheniens l'ont
nommé Βοηδρομιὼν, deduit de Βοηδρομεῖν:
qui est courir au secours auec bruit. Toutefois les histoires ne sont semblables : car il se
treuue que du secours donné aus Atheniens par un lion Eleusinie, le mois print
nom, & les mysteres Boïdromies, celebrez

Mysteres Boï-
dromies.

(áy je bien souuenance d'auoir lù) au semblable jour que Xuthe en diligence vint se-
courir les Atheniens pressez d'Eumolpe:
Mais Plutarque raporte l'institucion &
le nom des Boïdromies au mois de Βοηδρομιὼν auquel Thesee vainquit les Amazonnes, apres que quelque tems la fortune
eut branlé de l'une & l'autre part. L'ocasion
estoit telle qu'il ne vous desplaira de l'ouir.
Trois freres Atheniens, Eunee, Thoant, &
Soloont, jeunes & de gaillarde disposicion,
faisoient compagnie à Thesee : desquelz So-

Recit de l'oca-
sion donnee
Thesee, à fair
la guerre au
Amazonnes.

d 4   loont

loont plus amoureuſement complexionné,
ne print les armes pour tant opiniatre exer
cice, qu'amour ne le ſurprinſt en aſſez de loi
ſir pour ſe laiſſer poindre le cœur des beaus
trais d'Antiope, Amazonne jeune, belle,
& de telle grace, qu'elle euſt bien pù fléchir
un Hypolite : mais rebourſe en l'amour
tant extrememement, que ſa rigueur imploya-
ble, deſcouuerte par un refuz, pouſſa le lan-
guiſſant Soloont de dueil en deſir de mou-
rir : & tant le paſſionna cette impacience,
que ſatisfaiſant au deſeſpoir, il ſe getta en
un fleuue, dedens lequel miſerablemẽt noyé,
il eſteingnit ſa vie, & ſon ardeur enſemble.
La nouuelle deſplut beaucoup à Theſee, &
l'irrita ſi colerement qu'il en dreſſa la guerre aus Amazonnes : & la finit comme je
vous ay dit, laiſſant en ſouuenir de telle vi-
ctoire, la durable inſtitucion des Boïdromies au mois portant ce nom, & ſacré à
Ceres entre eus : comme entre les Egypciens,
à ᛡarp

à Harpocrate, Dieu du silence, auquel ofrans poix, féues, lentilles, & autres telles especes de graines, ils chantoient : Γλῶσσα τύχη, γλῶσσα δαίμων, langue fortune, langue daimon : tant ha esté l'antique supersticion deuote, que chacun mois auoit l'aueu d'un Dieu. Aussi Vulcan presidoit à Septembre, aus Latins SEPTEMBER, du reng settieme qu'il tenoit en l'ordre depuis Mars, & ha tousiours cetui retenu son nom:combien que l'Empereur Germanic (mais en vain) eust essayé de le surnommer de soy, à l'imitacion de Iules , & d'Auguste. Les Atheniens, comme de Iupiter μαιμάκτης, ou courroucé, le nommoient μαιμακτηριών: & Octobre (OCTOBER des Latins,pour l'ordre huitieme) friuolement surnommé par Domician de son nom, & de celui de Faustine,est celui que les Atheniës apellent Πυανεφιών, de Πυανὸς : pource qu'alors ils ofroient à Apollon des féues. Ie ne say

Dieu du siléce.

Septembre consacré à Vulcan.

Octobre.

d 5   si ceus

ſi ceus ſont trompez qui confondent cette ceremonie auec celle qui fut inſtituee par Theſee à l'arriuee qu'il fit en Athenes retournant de ſes voyages de mer : ou trouuant ſon pere mort (comme vous ſauez l'hiſtoire) s'eſleuerent par la vile ces exclamacions de double paſſion : ἐλελεῦ, ἰὺ, ἰὺ, les unes de joye ou gaillardiſe de guerre : pour ſon heureus retour : & les autres de dueil & perturbacion, pour la mort du vieil Egee : car cette cy s'apeloit Oſchophorie, au témoignage de Plutarque. Uray eſt qu'en l'une & en l'autre, j'enten aus Pyanepſies, & Oſchophories, quelques jeunes hommes mieus nez, portoient des branches d'oliuier, (apelees Eireſiones) lemniſquees de laine, & fournies de meintes ſortes de fruiz : mais aus Pyanepſies on plantoit le rameau deuant le temple d'Apollon : & aus Oſchophories lon portoit ὄσχας, des branches de vigne auec les raiſins pendans, dedens le temple

de

de Minerue. toutefois que le long tems es-
coulé, & la diuersité des histoires peuuent
laisser ceci en bien peu d'asuree conroissan-
ce. Nouembre, & NOVEMBER *Latin*,
quelque peu de tems surnommé de *Tybere*,
n'a autre dinité de sa deduccion que l'ordre
& le nombre de neuf. I'ay desia dit son nom
Attique estre ἀνθεστεριὼν : car la disposicion de l'air en ce mois est aus fleurs eui-
demment contraire : mais je puis aiouter,
que ce mois auoué de *Diane*, estoit anciennement nommé DIVS, possible de δῖος,
nous pourrions dire diuin, ou *Iouial*, & que
le vint & quatrieme jour estoit noté d'un
singulier egard : pource que selon sa temperie
tout le reste de l'*Hyuer* deuoit estre atendu.
Reste *Decembre* (nommé pour l'ordre & le
nombre, DECEMBER) qui est sacré à *Sa-*
turne, comme *Ianuier* à *Ianus*. Ce *Ianus* (si
j'ay bonne memoire de ce que j'ay lù) l'un
des premiers *Rois Latins*, reçut une fois *Sa-*
turne,

turne, qui voyageant sur mer, fut pousé à
la côte d'Italie : ou prenant port, il rencontra recueil de tant gracieuse bienuueillan-
ce, qu'il fut apelé par Ianus compagnon du
Royaume : Saturne reconnoissant cette bon-
té, communiqua au peuple l'estat d'agricul-
ture, & discipline Rustique : dont Ianus se
sentit tant estroitement obligé, qu'essayant
tout moyen de l'honorer, il fit forger de la

Monnoye de Sa- monnoye representant d'un coté la teste de
turne.

Saturne, & de l'autre une nef : pour laisser
aus successeurs memoire de tant heureuse
arriuee en leur terre. Si telle opinion dura
long tems & fut connue de pere à filz, en
feroit foy un jeu ancien, auquel l'un getoit en
l'air une piece de monnoye, & l'autre sou-
haitoit ou chef, ou nef : comme auiourdhui
vous diriez, croix, ou pile. Mais pour re-
tourner à Decembre en ce tems estoient celebrees les Saturnales, pendant que le Soleil
passoit au Capricorne (ou lon croyoit estre

la

la porte pour remonter au Ciel, comme celle pour en deſcendre eſtoit au ſine de Can-
cer) & le nommoyent les Atheniens Πο-
σιδεὼν, tiré de Ποσειδεωνὶς, c'eſt Alcyone,
qui fait ces petis en ce mois d'ou ſont nommez les jours Alcyonides : ou de la feſte ce-
lebree en l'honneur de Neptune, qui eſt
Ποσιδῶν, non ſans commemoracion de
Pallas, & de Veſta, tant eſtoit ſemee de
vaines ſuperſticiõs la reuolucion de ces douze
mois acompliſſans l'An: partie uſitee pour
la diuiſion du tems, & de reuolucion plus
parfette, que les heures, les jours, les ſemeines, ny les mois : comme il ſemble eſtre
repreſenté par ſon nom de pareille etimologie Françoiſe que Latine : pource qu'ainſi
que ANVLVS, ou un anneau, ſinifie un petit cercle, ANNVS, ou, An, en ſinifie un
grand. ſemblables vocables ſont communs
aus Latins, & en noſtre langue ſe treuuent
des exemples, comme pan, & paneau, tellement

Etimologie de
ce nom An.

lement qu'il semble *Annulus* estre diminu-
tif D'*annus*, & anneau, d'an : & qu'on peut
dire : l'anneau estre un petit cercle, & l'an un
grand : car l'An d'une reuolucion ronde
ainsi qu'un anneau, sans fins tourne & retourne en soymesmes : aussi cróy je que les
Grecs le nomment pour cette mesme cause
ἐνιαυτὸς, quasi ἐν ἑαυτῷ, en soymesmes.
Mais la Grece, abondante en etimologies
& equiuoques, ne nous doit ici arrester, vù
que de soy l'argument de la diuersité des ans
est si ample, qu'il y auroit pour nous entretenir longuement. Car si l'An est un tournoyement entier des corps spheriques, les
Anciens à bon droit ont pensé chacune reuolucion de tour entier de chacun Ciel, me-
riter nom d'annee : beaucoup toutefois plus
raisonnablement l'uniuerselle rencontre des
An parfet. huit spheres, retournees apres leurs cours
diuers, si longuement continuez, au point
& assemblement duquel elles furent pre-
mierem

mierement eſmues. Car ce nombre de
tems parfet, doit acomplir & ſurnommer
un An de ſa perfeccion, tel qu'eſt l'An
Platonique & parfet. Si vous donnez (di
je) un nombre de perfeccion à ce parfet
An, je crein qu'en le peingnant ſi parfet,
vous lui otiez toute figure d'annee. Car puis
que les cōtournemens des eſtoiles erratiques
ſont diſſemblables, & qu'elles paracheuent
leurs cours en diuers tems : puis, qu'elles ſont
diuerſement eſlongnees & de latitude (com
me ils parlent) & de longitude : puis, que
leurs mouuemens ſont diferens en viteſſe, &
tardiueté : quand ſe pourra il faire que les
plus lentes, & les plus viſtes : les plus baſſes,
& les plus hautes : les droites, & les gau-
ches : ſe rencontrent enſemble, & figurent
au Ciel celle forme parfette, defiguree par la
variable inconſtance de tant de diuers
cours? & ſi de ce terme vous ne ſauez quelque nombre certein, comme lui pourrez
vous

vous atribuer un certein nom d'An? D'autant (respondit il) qu'une chose aproche
plus de la perfeccion, d'autant moins est elle
comprehensible: vous estes vous jamais rencontré auec quelque grossier du vulgaire,
qui oyant des propos bas, friuoles, & despouruuz de preuue d'aucun subtil jugement, les comprend, les retient, s'y plait, &
les loue comme meilleurs? Mais s'il arriue
à un entretien, rempli de quelque solide erudicion, discouru de quelque haute contemplacion, & fondé sur quelque opinion raisonnable: d'autant plus que tel discours sera esleué, d'autant moins lui sera il agreable, & le dira indine d'estre oui? Tant est
(aioutáy je) iniuste l'ignorant, qui, outre ce
qui vient de lui, ne peut juger autre chose
estre bonne. Ainsi donq (continua il auec
visage excusant si farouche comparaison)
croyez la perspicacité des plus subtilz de ce
Tems estre stupide, au parãgon de la gentile

eleuac

Naturel de l'hõme ignorant.

eleuacion, d'un Hyparque, & autres Anciens de tel esprit : & que certeines veritez
sont de tant profond suget, que pour estre de
dificile acces, ceus qui sont ennuyez de tant
obscure speculacion, les tiennent à menson-
ges. Qui doute que la dificulté de connoitre
le tems, à la mesure duquel sera acomplie
celle grande reuolucion, nous fasse soupsonner qu'en ce desordre les estoiles doiuent eter-
nellement courir par le Ciel vagabondes?
Là Lune toutefois d'une connue mesure, & Cours ordinaire
non fautiue reuolucion, acheue son cours ordinaire, & retourne à son premier point, en
27 jours, 7 heures, & pres de 40 minutes. Mercure, Venus, & le Soleil, ont acompli leur an en 365 jours cinq heures, &
45 minutes. Mars, en un an solaire, 321
jours, 19 heures, & pres de 9 minutes, tourne son cours entier. Et Iupiter le sien en onze ans solaires, 313 jours, & 14 heures.
Saturne plus tardif & de plus grand volu-
         e   me,

Cours ordinaire
de la Lune.

An de Mercure,
de Venus & du
Soleil.

Reuolucion de
Mars, en son pro
pre mouuemét.

Cours de Iupi-
ter & Saturne.

me, demeure en son an, ou entier tournoyement, vint & neuf ans solaires, 154 jours,
cinq heures : seroit il donq à croire que les
sept Cieus inferieurs fussent acompliz d'un
ordre si bien obserué, & que le huitieme, qui
semble estre auteur de tous les mouuemens,
fut reputé de moindre acomplissement? Ie
confesse vrayment que la vie trop courte
n'a pas donné aus hommes le loisir d'en tirer
assurance par obseruacion oculaire : mais
il n'a esté impossible de considerer, apres les
longs & diuers cours des moindres , un
acomplissement de periode, au grand assemblement de tous, au point, duquel ils estoient
sortiz, pour ensemble recommencer leurs
cours : c'estadire que tous les Astres seront
disposez au mesme lieu qu'ils estoient au moment de la creacion: ou (comme dirent ceus
qui auoient horreur de croire si parfet ou-
urage auoir jamais eu commencement qui
lui necessiteroit une fin) au tems du renou-
uellement

uellement de tout ce Monde, que nous dirions son printemps. Car ce grand An ha
ses parties & saisons : témoin le Cataclisme
pour l'Hyuer, qui est le deluge uniuersel: &
l'Ecpirose pour l'Esté, qui est le grand em-
brasement, non seulement crû en notre religion, sous le nom de jour du jugement,
mais encores aprouué des Anciens, &
prouué par l'argument de l'accion reciproque
de l'un à l'autre element, feu & eau. Ie say
bien que du point certein de si grande reuolucion, il se treuue diuerses opinions : qui le
remetant à un Astre, qui à un autre. Aucuns en donnent l'honneur à Aries, gou-
uernant le milieu du Ciel: & pour cette
raison le croient estre premier de tous les
Sines : aussi qu'en son mois, toutes choses re-
naissantes semblent faire renaitre un nouueau Monde. Les autres honorent Libra,
ou les balances, de cette preeminence : pource qu'au mois de ce Sine, les fruiz sont ou

Saisons de l'An parfet.

Opinions diuerses sur la reuolucion de l'An parfet.

e 2   aproc

aprochent d'eſtre meurs , & deſia ſont for-
mees leurs greines , & ſemences qui les per-
petuent de ſucceſſiue generacion. Quant au
nombre des ans de ce grand An , la plus
diuine ſecte des Filozofes (vous ſauez que
j'enten la **Platonique**) l'a eſtendu en qua-
ranteneuf mile ans ſolaires : ſous la vertu
du ſeptenaire repeté par ſept fois , ſelon le
nombre des ſept Spheres ſugettes, chacune à
un Climactere acompli par ſept mille ans
ſolaires , à cauſe du mouuement que les
Aſtronomes apellent de trepidacion. Le
comte du tems de ce grand An (dí je) eſt
tant peu certein , que chacun à ſa mode lui
ha prefix un terme : & ſemble plus vray-
ſemblable l'opinion de ceus qui ne lui ont
donné que trenteſix mile ans ſolaires , puis
que de la plus grande partie eſt aſſuré, qu'au
reſpect de la neuuieme Sphere , la huitieme
ne ſe meut que d'un degré, en un ſiecle, c'eſtadire en cent ans ſolaires : d'ou il eſt aiſé de
recueil

Nombre des
ans de l'An par-
fet.

Mouuement
de la huitieme
phere.

recueillir, qu'en trentefix mile ans, elle fera
retournee en fon premier point, puis que
360, qui eft le nombre des degrez, multi-
pliez par cent, montent trentefix mile: Macrobe, apres Ciceron, le commence à l'eclipfe
du Soleil, qui fut notee du tems de Romule,
l'eftendant de là à quinze mile ans folaires,
que le Soleil foufrira mefme defaut, & tous
les Aftres fe retrouuerront au lieu ou ils
eftoient alors. Enopyde le croyoit eftre de
cinquanteneuf ans folaires, comme il témoi-
gna par les Aftronomiques tables d'erain,
lefquelles il dedia aus Olympies: & Meton
Lacedemonien, inuenteur des cylindres &
colomnes folaires, ne lui en donnoit que dix
& neuf. N'auez vous pas lù le grand An
d'Heraclite, eftendu en 18000 ans folaires:
& le Diogenien de 18355? Ie laiffe l'An
Iubilean des Iuifs, tout vulgaire, pour aiouter l'An Cinique mefuré du cours de l'A- An Cinique.
ftre chien, ou chien d'Orion, qui dure trois

e 3   cens

cens soixantecinq quaternaires d'ans solaires, au raport de Chalcide : c'estadire mile
quatre cens soixante ans. Ainsi pourrions
nous remettre en memoire infinies sortes
d'Ans entre les Anciens : mais je suis d'a-
uis qu'ils demeurent tous auec celui que Cesar nomma de confusion : alors qu'à l'imitacion des Egypciens, il reduit en ordre l'An
solaire : à fin que par cette plus certeine
suputacion, les Olympiades, Lustres, Trie-
terides, Penteterides, Enneaterides, de trois,
quatre, cinq, neuf, & autres nombres d'annees, fussent esteintes. Cesar vrayment (reprint il le propos) aprocha le plus : & Auguste arriua (s'il se peut) au juste but de la
plus exacte suputacion. Cesar sauoit l'incon-
stance & les diuersitez des opinions estre
si estranges & inapointables, qu'il estoit impossible d'y assoir jugement assuré. Les Ar-
chades finissoient l'An en trois mois Lunaires : les Acarnanes en six : les Egypciens

un

An de confu-
sion.

An des Archa-
des, Acarnanes,
& Egypciens.

un tems nurent autre An que l'espace du
cours Lunaire, de 30 jours, qui depuis fut
nommé Mois solaire : apres l'estendirent de
deus : puis en trois, qui peut auoir (dit Pline) presté foy aus fables de leurs longues
vies: jusques à ce qu'ils connurent (car cette
nacion ha produit les plus illustres espriz
qui jamais ayent fait profession des bonnes
choses) que l' An ne pourroit mieus estre
mesuré, qu'au cours du Soleil, lampe de la
lumiere, & de la vie humeine : duquel la
reuolucion estoit parfette en 365 jours, &
pres d'un quart de jour. Il est aisé à croire
qu'à cette ocasion Cesar les choisit pour image, en la correccion de l' An Rommein, con-
tenant premierement sous Romule dix   An de dix mois.
mois, à commencer de Mars, comme enco-
res le nombre Septembre Octobre & les autres (pour ne plus mettre en terme Quintil
et Sextil) declaire euidēment: combien qu'au
parauant les Latins lui ordonnassent 374 An des anciens Latins.

e 4   jours

jours departiz en treize mois. Quelques
autres peuples (comme les Arabes, chan-
geans d'opinion premiere) disposerent leurs
Ans de douze mois lunaires Synodiques:
desquelz six, surnommez pleins, auoient
trente jours : & les autres six, surnommez
vuides, ou caues, en auoient vint & neuf:
toutefois telle disposicion peu juste, les lais-
soit en tel trouble , qu'en peu plus de trente
ans, chasque mois auoit changé de saison,
deuenant celui qui auoit esté estiual, hybernal: & au contraire l'hybernal, estiual. Cette erreur fut chatiable pour son imperti-
nence , & sembla à quelques Grecs , naitre
de l'ignorance de ce en quoy le cours du
Soleil estoit diferent à celui de la Lune :
assauoir d'onze jours : qui aioutez (& de
ἐπάγω, sinifiant entrecouler, sont nommez
ἐπακτοὶ, comme aioutez, entremiz, ou entrecoulez) aus 3 5 4 du cours Lunaire, firent nombre de 3 6 5, pour l'An surnommé

mé Solaire : acommodant ſi bien par ces
onze jours entrecoulez, lés cours des deus
lumieres, l'un à l'autre : qu'encores auiourdhui ils ſeruent à une reigle infalible de
ſauoir les jours de la Lune. Quelcun de la
compagnie l'ignorant, & l'ayant prié de la
dire : Combien (continua il) que je la juge
vulgaire, ſi ne me ſemble elle indine d'eſtre
ouye : (ar de l'ancienne inuolucion des nombres, eſt reſtee telle ſuperfluité, qu'outre les
3 6 5 jours de l'an Solaire, les onze entrecoulez, ou Epactes, doiuent eſtre tous les ans
entremiz, juſques à ce qu'ils paſſent 3 0, &
lors le nombre outrepaſſant, quel qu'il ſoit,
eſt retenu, & les 3 0 laiſſez, & non nombrez. Ceci ha d'an en an ſi bien eſté conti-
nué, qu'en cetui 1 5 5 5 le ſeptenaire eſt demeuré pour Epactes ou jours entrecoulez,
& le ſuiuant 1 5 5 6, faudra à ces ſept aiouter onze, qui feront 1 8 : & l'an 1 5 5 7, à 1 8,
faudra aiouter onze, qui feront 2 9 : auſ-

Reigle infalible
pour ſauoir les
jours de la Lu-
ne.

Iours Epactes
vulgairement
apelez nom-
bre d'or.

e 5   quelz

quelz pour l'an 1558, faudra aiouter onze,
qui monteront 40, d'ou il faudra oter
trente, & retenir seulement les dix super-
flus qui resteront pour Epactes : acruz l'an
suiuant 1559 d'onze, qui feront 21, & ainsi
infiniment. L'usage de cette reigle est tel.
Vous tenez cet an 1555 pour jours entrecoulez sept, & voulez sauoir de quelle face
est la Lune ce sizieme jour de May : assemblez donq auec sept Epactes, le nombre des jours de ce mois, qui sont six : &
puis trois, pource que May est le troizieme mois de l'annee à commencer à Mars
(car il faut touiours joindre ces trois, assauoir les Epactes, le quantieme jour du
mois, & le quantieme mois de l'annee) vous
recueillirez de sept, six, & trois, un nombre seize, & tiendrez pour trescertein que
la Lune ha seize jours : c'estadire qu'elle est
pleine. Outre, si vous demandez du 28 de
ce mesme mois : aioutez aus sept Epactes,

le quant

le quantieme du mois 28, & le quantieme le mois eſt de l'annee, c'eſt trois, aioutez
(vêu je dire) à ſept, 28, & 3, & vous trou-
uerrez 38, deſquels il faut quiter 30, &
retenir 8, qui vous aſſurent la Lune eſtre
de 8 jours, ceſtadire en ſon premier quartier: au reſte il eſt trop vulgairement con-
nu, que de ſept en ſept jours elle change de
face, & combien elle ſe pert de nous en ſa
conionccion. Cette reigle auouee de la compagnie, pour ſubtilement raportee à tant
antique ſource des anciens jours ἐπακτοὶ, il
pourſuiuit: Ces onze jours furent un tems
reſeruez & mis en conte, pour eſtre aſſem-
blez en un mois Embolime, c'eſtadire ἐμ-
βόλιμος, μερκηδίνος, ou entregetté, & ce
mois aiouté en l'an troizieme, ſurnômé à cette cauſe Embolimee, Emboliſme, ou Embo-
liſmal, montant 387 jours. Les autres re-
ſeruoient par huit ans ces onze jours & ſix
heures qui demeuroient perdues, & les

diſpo

Mois Emboli-
me, auiourdhui
intercalaire ou
bifleſtil.

diſpoſoient en trois mois Embolismes. Ceci
toutefois ne pùt encores eſacer l'erreur, qui
touſiours côfondoit leurs annees. Vous auez
bien pris gardę au doute qu'ont laißé les
Anciens, traitans ce diſcours : & commę
il eſt malaisé de donner aſſurance, qui premier fit entreget, ou Embolime, de mois, ou
entrecoula les jours : meſme que Solin, Macrobe, Plutarque, & Cenſorin, ne ſont en-
t'racordez l'un l'autre. Mais pour entrer en
la conſideracion de notrę an ordinaire, ſurnommé Rommein, ou Iulian (puis qu'il eſt

An Rommein
ou Iulian.

confeßé de tous que Iule Ceſar ouurit l'entree de cettę entrepriſe ſi ſouuent des long
tems tentee en vain : & qu'Auguſte l'ache-
ua) c'eſt choſe ſeure que Iule confondit tous
les jours, qui par la mauuaiſe ſuputacion
precedente donnoient trouble à l'ordrę an-
nuel, dens le cours d'un an eſtendu en 443
jours, ſous le nom de Confuſion : paßé lequel
il reforma l'eſpace de l'An, au teins que le
Soleil

Soleil (felon la plus aprouuee opinion) demeure à paffer les douze fines du Zodiaque, & ce en 365 jours, fix heures, moins
quelques minutes : & pour ce faire il aiouta 10 jours & fix heures aus 355, anciens.
Car combien que l'an de douze mois Lunaires ne fuft que de 354 jours, fi en mit Numa un dauantage, en contemplacion de
quelque fecrette energie qu'il atribuoit (felon
la doctrine defia de fon tems ufitee, depuis
illuftree par Pythagore, & de lui furnom-
mee Pythagorienne) au nombre impair : &
ces 355 fepara ainfi : Ianuier, Auril, Iun,
Sextil (notre Aouft) Septembre, Nouembre, & Decembre, en auoient chacun 29 :
Mars, May, Quintil, (Depuis apelé Iuillet) & Octobre, 31 : & Feurier, 28. Donq
les dix jours aioutez par Iule à 355, firent
365 : tellement departiz, que Ianuier, Sextil, & Decembre, auparauant nombrez de
29, en feroient acruz chacun de deus : & à
Auril,

L'ordre que Iu-
le Cefar garda
au côpartimēt
de l'An qu'à
prefent nous a-
uons.

Auril, Iun, Septembre, & Nouembre, à chacun il aiouta un : laiſſant Mars, May, Quintil, & Octobre, en leur premier eſtat de 31 : & Feurier de 28 : pour receuoir de quatre ans en quatre ans, l'entrecoulure ou l'entreget d'un jour amaſſé par quatre fois ſix heures du cours ſolaire : & ordonna le ſiege de ce jour qu'il failloit aiouter au 24, qui eſtoit ſixieme des Calendes, jour conté pour deus en l'an Embolimee, nommé à cette raiſon, biſſexte ou biſſextil, comme deus fois ſix : duquel l'ordonnance eſt encores auiourdhui obſeruee, combien que par le ſurnombrement de tant d'annees, pource que l'entreget du biſſexte, ha touiours outremiz en quatre ans un jour entier, & que l'an contient outre 365 jours, quelque peu moins de ſix heures. Ce peu moins de ſix heures (c'eſtadire cinq heures 49 minutes ou peu pres) engendre une faute, mais de petite importance, bien qu'elle merite chatiment:

ment : comme quelques doctes de ce Tems
ont remontré. Toutefois la derniere refor-
macion de l'An Rommein est sans contre-
dit la meilleure. Aussi en ont usé depuis
toutes les nacions Ciuiles, & ce auec quelque diference. Car les Asiatiques ont donné commencement à l'an en Automne : les
Rommeins au Solstice hybernal : les Arabes au commencement du Printems : & les
Grecs au Solstice estiual. Mais nous ne
prenons pas garde (dí je) que ce dont nous
parlons s'escoule, & passe insensiblement,
nous laissant derriere, & petit à petit nous
aproche l'An Climacteric, qui finira le jour
de notre vie. Quant encores (repliqua il) les
ans Climacteriques seroient fataus, leur fa-
talité me semble si bien diuersifiee, que le
plus prochein ne nous ote l'espoir d'en joindre
encor un autre : & croy que Hypocrate, ny
Solon, n'auront si bien borné notre vie que
nous n'arriuions au grand Climastere Sta-
sean.

An climacteric.

ſean. Le plus jeune de nous ha fait du moins
trois ſemeines dannees, ainſi reuolu trois ans
Climacteriques, & tel en ha bien paßé quatre : Toutefois je ne connoy indiſpoſicion qui
nous empeſche de paſſer les ſept, & les neuf
ſemeines : les neuf neuueines, mais les douze ſemeines de Staſee. Et puis (aioutáy je)
vous eſtimerez outre les 8 4 ans, le reſte de
votre vie, comparable à leſpace de courſe
laquelle un cheual pouſſe outre les pas me-
ſurez pour bout de la carriere. Hoo (ſoupi-
ráy je) combien me plait ce mot d'Euripide :
οὐ βίος ἀληθῶς ὁ βίος, ἀλλὰ ξυμφορὰ,
la vie neſt point vie mais calamité. Ie ne
ſay (reprint il) quelle particuliere ocaſion.
vous fait auec les Thraces tenir le viure en
un ſi grand meſpris : mais quant à moy, je-
ſtime la vie meſtre donnee de Dieu, comme
un depoſt en garde : & vrayment je la gar-
deray tant & ſi cherement quil me ſera
poſſible, atendant quil plaiſe au Signeur,
duquel

duquel j'en ay la charge, de la r'auoir de
moy,ou que selon la doctrine des Egypciens,
& de Dioscoride, les dragmes de mon
cœur, soient arriuees en leur centieme di-
minucion.   Sur ce point voici entrer quelques Musiciens, qui, sachans que j'estois là
en telle compagnie, & quel plaisir je re-
ceurois de leur venue, nous firent rompre
le propos & acheuer le reste de ce jour
auec le passetems que le chanter
& jouer d'instrumens
Musicaus
nous
pouuoit aporter.

*

Solitudo mihi prouincia est.

f

f 2　　　Tems

f 3   Maia

FIN.

ON
E
EV
OS
ARTDI